和坏习惯说再见
全5册
儿童健康自我管理绘本

2

坏习惯的黑魔法

徐瑞达 / 著　苏小泡 / 绘

中信出版集团 | 北京

图书在版编目（CIP）数据

坏习惯的黑魔法 / 徐瑞达著 ; 苏小泡绘 . -- 北京 :
中信出版社 , 2024.8
（和坏习惯说再见 : 儿童健康自我管理绘本）
ISBN 978-7-5217-6391-1

Ⅰ . ①坏… Ⅱ . ①徐… ②苏… Ⅲ . ①健康教育－儿
童读物 Ⅳ . ① G479-49

中国国家版本馆 CIP 数据核字（2024）第 044177 号

坏习惯的黑魔法
（和坏习惯说再见：儿童健康自我管理绘本）

著　　者：徐瑞达
绘　　者：苏小泡
出版发行：中信出版集团股份有限公司
（北京市朝阳区东三环北路27号嘉铭中心　邮编　100020）
承 印 者：北京尚唐印刷包装有限公司

开　　本：889mm × 1194mm　1/16　　印　　张：12.5　　字　　数：330千字
版　　次：2024年8月第1版　　印　　次：2024年8月第1次印刷
书　　号：ISBN 978-7-5217-6391-1
定　　价：99.00元（全5册）

出　　品：中信儿童书店
图书策划：小飞马童书
总 策 划：赵媛媛
策划编辑：白雪
责任编辑：蒋璞莹
营　　销：中信童书营销中心
装帧设计：刘潇然
内文排版：李艳芝
封面插画：脆哩哩

☆主要人物☆

冷布丁

古灵精怪，喜欢钻研各种稀奇古怪的问题。对零食了如指掌，人称“零食大王”。口头禅是“哎呀呀”。

泡泡

冷布丁的好朋友，单纯可爱，想象力丰富，能把任何物品联想成美食。食量超大，尤其喜欢甜食。

超能小圆，零食博物馆送给小朋友们的机器人。它们身怀绝技，除了能随意变形，还能用各种出人意料的方式解决疑难问题。

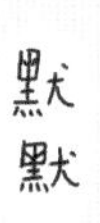

机智勇敢的小班长，超级小学霸，热爱运动，活力四射，各方面都十分优秀。

菲菲

文静乖巧，说话轻声细语。喜欢看书和画画。擅长配色，能把食物搭配得像彩虹一样漂亮。

凯文老师

小朋友们心中最神秘、最有趣的老师，总能给大家带来惊喜。

嘿，我是冷布丁，上次去零食博物馆，我带回来一个机器人，它身怀绝技，出手不凡，一个喷嚏就能卷起千层浪。我小心翼翼地把它带回家，每天都猜想着它还会有什么惊人之举。

几天过去了，按理说怎么也该发生点什么吧？比如说早上用秋千一下把我荡到学校，或者来一场太空旅行，至少我牙疼的时候，能帮我止止痛吧。可惜什么都没有发生！它至多就是给我讲故事，跟我玩脑筋急转弯，和家里的玩具没什么两样。

风平浪静地过了一些日子，在我差点儿就把它忘了的时候，老师通知我们第二天把机器人带回学校。哦？不会是机器人哪里出了问题，要统一召回修理吧？

到了学校，我才发现，出问题的不是机器人，而是我的眼睛！因为眼前的事情，说出去没人会相信——教室居然变成了一艘飞碟。难道这次我们要坐着飞碟去探险？
!!!

老师笑眯眯地看着我们，不说话，看起来根本不打算解释。更让人一头雾水的，是机器人说的话！

一眨眼，飞碟已穿梭在浩瀚无垠的太空中。我们都把眼睛睁得大大的，生怕错过什么。空气如同凝固了一般安静。大家正看得入神的时候，一声巨响划破长空，飞碟发出播报：“已抵达目的地。”我还没回过神来，就听到有人开始大声尖叫。

我是咕噜噜，准备起航。
我们要去哪里呀？
我们是被劫持了吗？
阿……你们是谁？
我是冷布丁啊！
我是菲菲。

瞧瞧，我们都变了样：有的嘴巴凸起，有的弓着腰、头前倾，有的露出歪斜的牙齿……最让人难以置信的是，大多数人都戴着厚厚的眼镜。到底发生了什么？这真的是我们班同学吗？
我的老天哪，这真的是我吗？
我的眼镜是从哪儿来的呢？
为什么我没下巴，还驼背呀？

我觉得自己还不错！

站在一旁的老师终于开口了，原来飞碟带我们穿越到了10年后，此时此刻我们看到的，是大家10年后的样子！

10年后的我们怎么会变成这样？叮叮当的解释是魔法，因为大家都给自己施了魔法。不是开玩笑吧？世界上真的有魔法吗？
我可不相信有魔法！
我也不信！
我半信半疑。
世界上有一种真实存在的“魔法”，叫“习惯”。用不好就成了“黑魔法”。

叮叮当说，飞碟里就有一套“习惯魔法秘籍”，它不仅能揭示大家变样的原因，还能教我们解救咒语。说着，飞碟里嗖的一声投出一幅巨型光幕。关于我的黑魔法，正在揭秘！

冷布丁的魔法错在哪儿？

1. 冷布丁的牙齿“运动”得不够（12岁之前咀嚼过少）。咀嚼少会造成颌骨发育不良，导致牙齿没有足够的排列空间，只能勉强挤在一起。

2. 他有颗乳牙因被蛀坏而提前脱落，那颗牙的位置慢慢被别的牙齿侵占。后来恒牙长出，间隙不够，就错位了。还有颗乳牙没有及时脱落，受阻的恒牙也只能错位长出。

解救咒语

1. 超能变变变！经常嚼口感较硬的食物，帮助颌骨发育。

2. 超能变变变！少吃糖，仔细刷牙，保护好乳牙。

3. 超能变变变！不论乳牙是缺失还是滞留，都要尽早看牙医。

紧接着，光幕上又出现了新的画面。“糖不都是甜的”这个说法让我惊讶得目瞪口呆。不甜的糖还能叫糖吗？真是想不通。

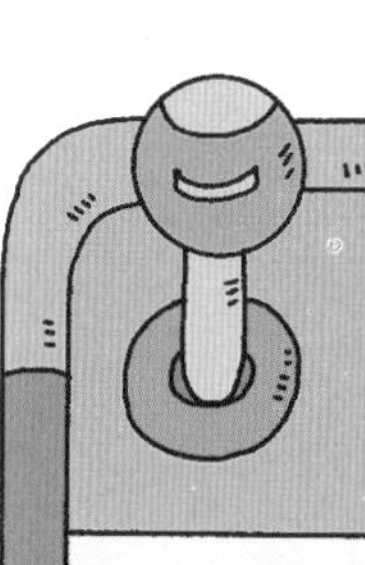

让冷布丁魔法出错的糖类家族

很多食物都含有丰富的糖类，包括水果、大米、面粉、土豆，以及用这些食材做成的面包、蛋糕、馒头、面条、粉条、薯条、薯片等。

有甜味的糖

- 单糖：可直接被人体吸收。
- 双糖：可分解成单糖，再被人体吸收。

没有甜味的糖

- 多糖：唾液里的淀粉酶可以把淀粉这种多糖分解成麦芽糖。

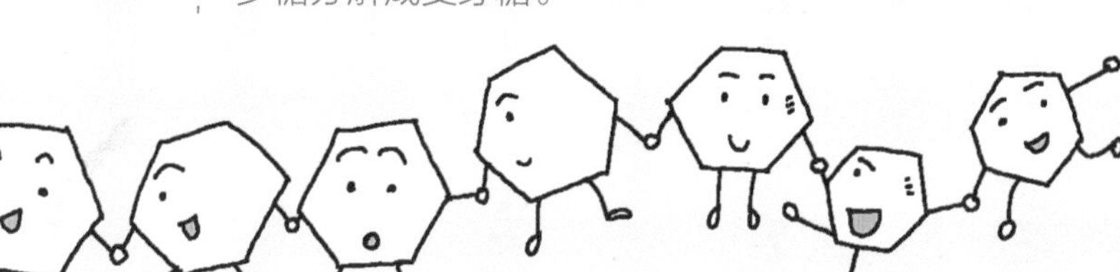

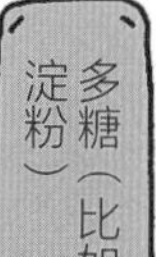

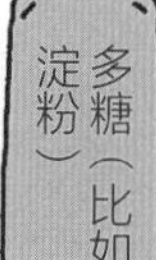

解救咒语

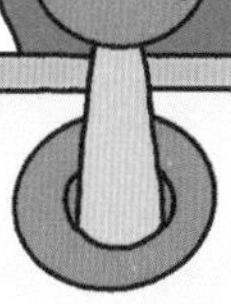

1. 越是结构简单的糖，越容易被身体吸收。比如葡萄糖、果糖、蔗糖……超能变变变！我要勇敢拒绝它们！

2. 精米、白面里含有大量淀粉，也就是多糖。超能变变变！我要加入别的杂粮、粗粮一起吃！

3. 油条、薯条、蛋糕等食品，除了含有淀粉，还含有大量油脂，热量更多。超能变变变！我要尽量少吃。

刚和我相视而笑的泡泡，这时看到了自己的黑魔法揭秘。现在轮到他开始想不通了。
除了暴饮暴食、经常吃垃圾食品，泡泡还有长期鼻塞引起的张口呼吸问题。他的习惯魔法慢慢地改变了他的体貌。
泡泡的黑魔法
张嘴呼吸会改变容貌？这怎么可能啊？
其实我也想不通。
嘿！快听听乒乓乓怎么说。
你们听说过水滴石穿吗？可千万不要小看这种微小的力量。儿童一分钟呼吸几十次，一天就是几万次，重复的力量是惊人的。

泡泡的魔法错在哪儿?

张口呼吸、吐舌头和吃手指，都是不好的习惯。脸颊、嘴唇和舌头虽然力量都不大，但它们联合起来每天“工作”，那就厉害了。这让泡泡的样貌受到了严重影响。

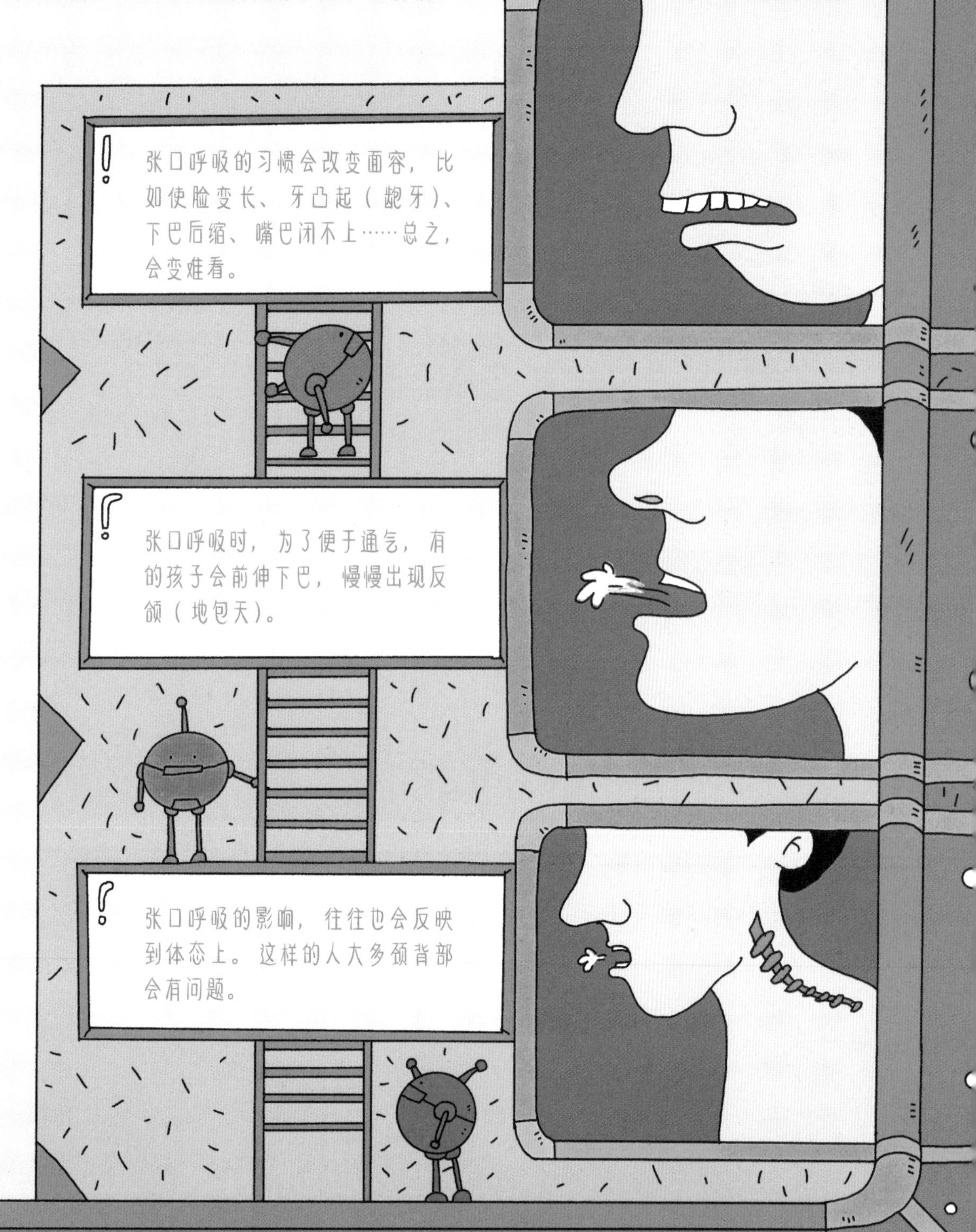

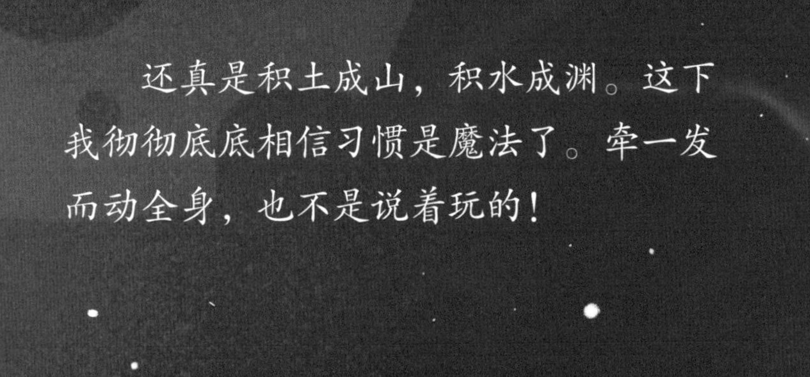

还真是积土成山，积水成渊。这下我彻彻底底相信习惯是魔法了。牵一发而动全身，也不是说着玩的！

为什么学游泳的时候，要用嘴吸气呢？
想知道自己的呼吸方式是否正确，可以做个小测试。
游泳时用嘴吸气，是为了防止呛水。但平常生活中应该用鼻子吸气和呼气。
魔法小调查
1. 双唇在休息时是闭合的吗？
2. 舌头在休息时是抵在上腭上的吗？
3. 你是用鼻子吸气和呼气吗？
4. 吞咽时唇部肌肉参与吗？
正确方式：1. 应闭合；2. 应抵在上腭；3. 应用鼻子吸气和呼气；4. 应参与（如果你的回答与正确方式不一致，需要尽快看医生）。

现在光幕上出现了菲菲的黑魔法揭秘。她厚厚的眼镜实在是太惹眼了，一下子吸引了所有人的注意。菲菲不好意思地扶了扶眼镜，说：“这和太阳镜差不多嘛！”

叮铃铃说：“偶尔外出戴太阳镜既美观，又能保护眼睛，可是常年戴近视镜会怎么样呢？你们一定想不到。”

眼球似乎有点突出。
我感觉……脸好像有一点点扁。
好像有黑眼圈。
嗯？听起来怎么这么像我呢？

“真是惭愧呀！这一点，我就是反面教材。如果我小时候看过这些秘籍，一定会经常到户外活动，好好保护我的视力。”老师十分惋惜地说。
现在我后悔也来不及了。
近视可以戴隐形眼镜吗？
近视可以治好吗？
隐形眼镜一般要成年以后才可以戴，而且它不能从根本上解决视力问题。

近视可以治好吗？
不可以！！！
近视主要是眼球的生长过于“着急”了。已经过度生长的眼球，无法再恢复正常。因此，近视无法治愈，只能矫正，重在防控。
标准对数远视力表
小数记录
5分记录
0.1
4.0
0.12
4.1
0.15
4.2
0.2
4.3
0.25
4.4
0.3
4.5
0.4
4.6
0.5
4.7
4.8
4.9
5.0
5.1
1.5
5.2
2.0
5.3
·标准检查5米·
解救咒语
1. 超能变变变！多去户外活动。
2. 超能变变变！注意用眼距离和时间。
3. 超能变变变！均衡饮食，少吃糖。
4. 超能变变变！早睡早起，保证睡眠充足。

说到户外活动，叮铃铃突然想起一个问题：“小朋友们，你们看我的样子，猜一猜，如果缺少户外活动，又不注意站姿和坐姿，除了容易近视，还会发生什么？”

叮铃铃姿势更夸张地走起来，把自己的身体都弯成了半圆形，远远看去像个问号。重心不稳的它走起路来摇摇晃晃，一头栽倒在地上，故意把大家逗得哈哈大笑。

叮铃铃爬起来，一本正经地接着说：“长期坐姿不对，加上缺乏锻炼，会让肌肉力量失衡，更容易驼背。大家再猜猜，还有哪些因素会影响我们的体态？”
之前乒乒乓讲过，张口呼吸、牙齿咬合不正！
真羡慕学霸，记性真好。
正确。还有一个，就是背书包负重。

看来要想身姿挺拔，很多方面都要重视起来。大家不知不觉都挺直了后背，又赶忙伸出手来，检查自己的呼吸。一群人一起把手放在鼻子前的画面，看起来奇怪又好笑。

每个人都会用习惯魔法把自己变得怪怪的吗？好像不是！默默的习惯魔法就和别人的不太一样。

叮叮当赞叹道：“默默每天进行户外运动，还注意饮食和营养，没有近视，没有蛀牙，各方面都做得棒棒的！”哎，真是让人羡慕呢！

可乐
默默的
魔法

随着飞碟系统的播报和一串震耳欲聋的声响，我们又回到10年前，变回6岁时的样子。真像是做了一场奇怪的梦呢！“习惯”这种魔法的威力我算是见识到了！
默默是我们班唯一合格的魔法师。
老师，我不服气，我之前不知道有些习惯是不好的。
我也是。
别急，我们还有第二场测试。现在测测你能不能成为合格的魔法师吧！
1. 哪种坐姿是正确的？
A. 后背挺直
B. 弯腰驼背
C. 半躺
2. 哪些方法对保护视力有好处？
A. 多多进行户外活动
B. 注意观看距离和休息
C. 多吃冰激凌

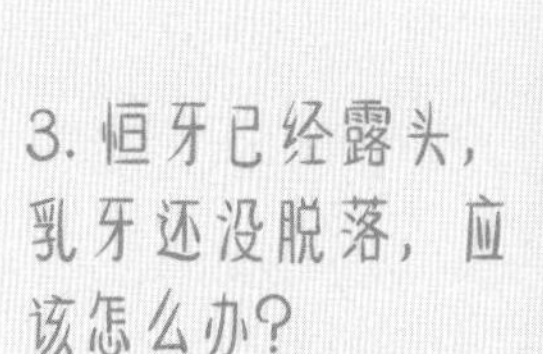

3. 恒牙已经露头，乳牙还没脱落，应该怎么办？

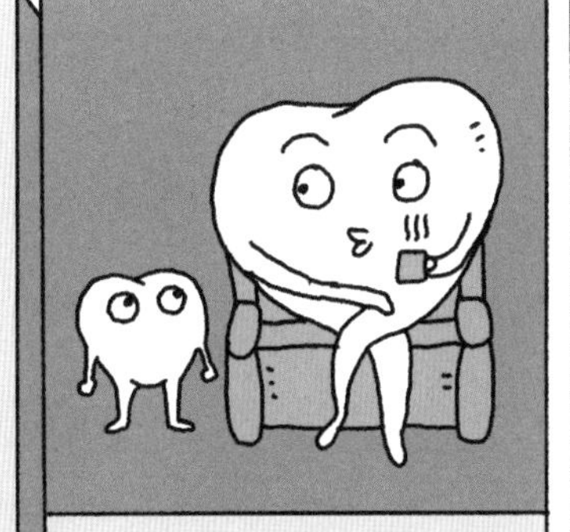

A. 等乳牙自己掉

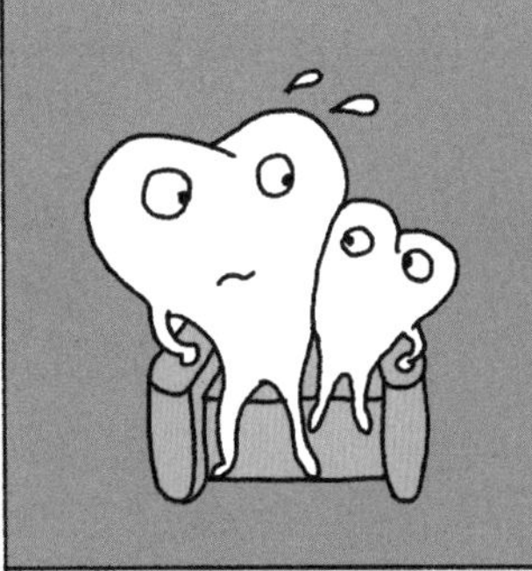

B. 要把它们都留下

C. 尽早去拔掉乳牙

4. 哪种食物不甜，却含有大量糖分？

A. 白米饭

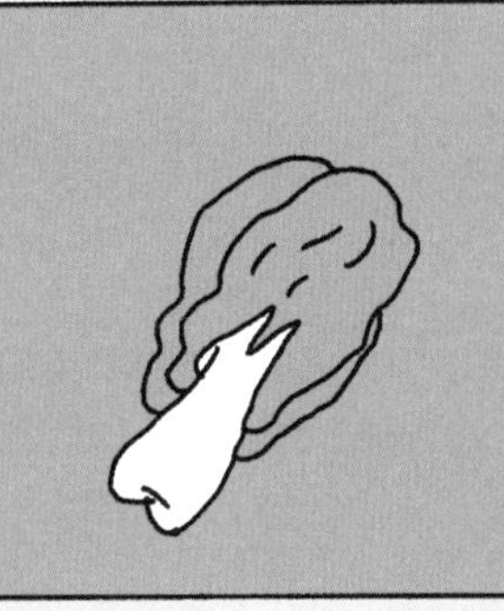

B. 绿叶蔬菜

C. 纯牛奶

5. 哪种呼吸方式是正确的？

A. 张嘴呼吸

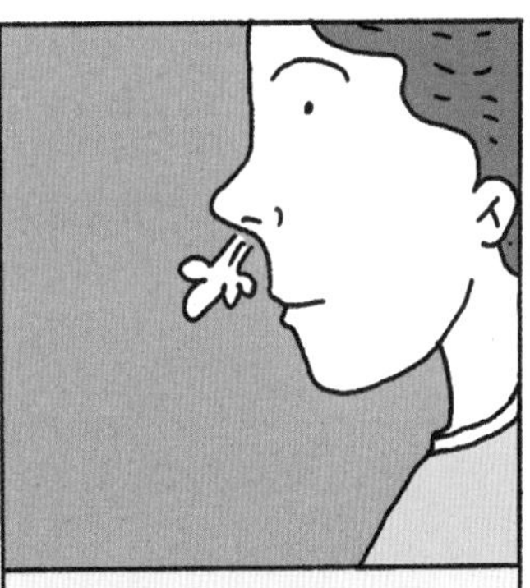

B. 闭嘴，用鼻子呼吸

C. 鼻子和嘴一起呼吸

6. 哪些方法能让你的牙齿更整齐？

A. 不吃东西

B. 认真刷牙，保护乳牙

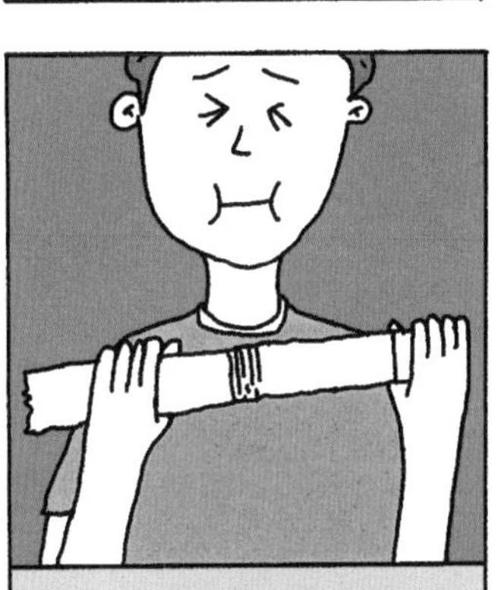

C. 适当咀嚼偏硬的食物

答案：1.A 2.A、B 3.C 4.A 5.B 6.B、C

这次我终于答对过关了！原来合格的魔法师可不是随随便便就能当的！等会儿回家，我要把这些秘籍都记录下来，编成一套超级魔法书！

可是，我看到老师跟超能小圆们神神秘秘地凑在一起说话，还听到一阵急促的哐当哐当声。他们似乎并没有打算飞回地球，难道新的冒险征程又在等着我们？

说给孩子的话

亲爱的小朋友，看了这本书，你是不是觉得习惯魔法非常神奇、强大？你想成为合格的魔法师吗？你想把未来的自己变成什么样子呢？

有人用习惯魔法把自己的身体变得问题多多，比如近视、超重、长龋齿、牙齿不齐、驼背等。你也知道了，这些改变不仅仅会影响我们的容貌和体态，还会引起很多健康问题。而这些问题呢，都是在习惯魔法的作用下，慢慢才表现出来的。

就像现实世界里的小树不能一天长成参天大树，小朋友们也不能一夜之间长成大人，真实世界的魔法都需要时间，这也正是它的可怕之处，因为在出现明显症状之前，就连爸爸妈妈也容易忽视它。而我们好好吃饭、爱护身体的那些努力，也不会立竿见影，它需要我们耐心等待，才能让我们见证奇迹。

有的小朋友说，我想学这些好的习惯魔法，可我也想知道背后的原理。没问题，在后续的绘本里，让我们一起来揭开更多谜团，到时候，最厉害的魔法师一定就是你了！

走迷宫
你能帮冷布丁拿到习惯魔法秘籍吗？（小提示：注意不要碰到零食和手机。）
秘

口呼吸、牙错位只是影响颜值吗？

儿童口呼吸通常是口腔不良习惯、气道不畅通等因素导致的，异常的呼吸模式会引起儿童口周肌肉力量的变化，影响肌肉与颌骨的平衡状态，进而影响儿童牙齿的位置和面容。

牙齿排列不齐和面部不对称等发育不良现象，不仅影响孩子的容貌，还与咀嚼、体态、发音等功能的发育息息相关。下颌偏斜越严重的人，其坐、立、行走姿势越异常，颈背部问题也越明显。

如果发现孩子有恒牙和颌骨发育的异常情况，应尽早干预矫正，以免错过治疗时机。

适当咀嚼硬物有什么好处？

柔软精细的食物会使儿童的咀嚼功能得不到充分的发挥，牙槽骨得不到足够的刺激，从而使孩子的颌骨生长受到限制，引起牙齿拥挤。简单来说，就是颌骨发育不良，牙床小，没有足够的位置装下恒牙。

恒牙拥挤最终体现出来的就是牙齿歪斜不齐。而不整齐的牙齿会存在很多清洁死角，更易残留食物残渣，因而更容易引起蛀牙。

到了换牙期，要鼓励孩子适当咀嚼硬物（两侧磨牙均衡使用）来促进颌骨发育，降低今后需要正畸的可能性。此外，适当吃硬物还可以对牙周起到按摩作用，对牙周健康很有好处。

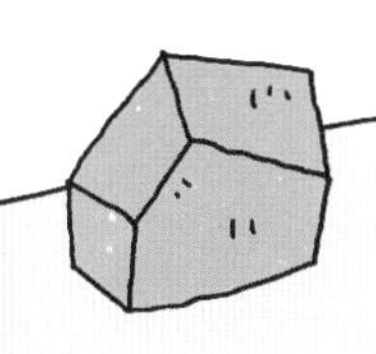

儿童肥胖超重有什么危害？

小时候胖，长大后就不胖了？慢性疾病主要发生在中老年人中？相信很多人都是这样认为的。

但现实是，肥胖发生得越早，成年后越容易超重。肥胖儿童的一些慢性病指标已经开始显现，肥胖儿童的血压、血糖、血脂的水平，还有患代谢综合征的风险，都比正常体重的孩子要高。因此，我们提倡慢性病防控越早越好。对于慢性病的防控，应至少提前到儿童期，甚至可以提前到母亲怀孕期间。

此外，肥胖还会影响儿童青春期发育，危害呼吸系统及骨骼，对心理、行为、认知及智力产生不良影响。

儿童肥胖重在预防，从小养成良好的饮食和运动习惯是最直接的预防方式。绝不是要单纯控制食量减肥，而是既要保障孩子营养全面、正常发育，又要控制好体重。

从小开始管理体重有必要吗？

小时候的肥胖，或者说脂肪组织的增加，来自脂肪细胞的体积和数量的改变。成年后才开始的肥胖，一般只是现有的脂肪细胞体积变大了。而幼儿时期，不健康的生活、饮食习惯会导致脂肪细胞的数量增加。

儿童时期有两个脂肪组织增长的敏感时期，第一个是在 1 岁以内，第二个是在青春期前。在这两个阶段，肥胖儿童的脂肪细胞数目比体形正常的同龄人增长得更多，有些甚至高出一倍。而进入成年期后，无论胖瘦，细胞数目都基本稳定不变。

可见，孩子在幼儿时期肥胖，意味着他们在未来的人生阶段，身体里都会有比同龄人更多的脂肪细胞，成年后比其他人更容易胖，却更难瘦下来。所以，体重管理越早越好。

在教育学和心理学领域中，学者们频繁地使用“习惯”这个词：
“习惯真是一种顽强而巨大的力量，它可以主宰人生。”
“什么是教育？简单一句话，就是要养成良好的习惯。”
“播下一个行动，收获一种习惯；播下一种习惯，收获一种性格；播下一种性格，收获一种命运。”

你觉得习惯这种魔法强大吗？

☆ 主创人员 ☆

徐瑞达

度本图书（Dopress Books）工作室创始人、主编、科普作者。主张快乐育儿，科学育儿，有讲不完的爆笑故事，也有根植于心的谨慎固执。倡导“健康管理，始于幼年”。

苏小泡

儿童插画、商业插画、新闻漫画创作者。现居地球。拥有一只猫和一支笔。

☆ 顾问专家 ☆

华天懿

中国医科大学附属盛京医院儿童保健科副主任医师，医学博士，从事发育儿科医、教、研工作20余年。在儿童生长发育、营养、心理及保健指导方面拥有丰富的临床经验。

孙裕强

中国医科大学附属第一医院急诊科副主任医师，医学博士，美国梅奥诊所高级访问学者、临床研究合作助理。